MW00388124

1 MONTH OF
FREE
READING

at

www.ForgottenBooks.com

By purchasing this book you are eligible for one month membership to ForgottenBooks.com, giving you unlimited access to our entire collection of over 1,000,000 titles via our web site and mobile apps.

To claim your free month visit:

www.forgottenbooks.com/free418476

ISBN 978-0-483-72176-0
PIBN 10418476

Aguilera y Ezequiel Ordoñez, José G.
...Expedición científica al Popocatepetl.

COMISIÓN GEOLÓGICA MEXICANA.

DIRECTOR, A. DEL CASTILLO.

EXPEDICIÓN CIENTÍFICA

AL

POPOCATEPETL

JOSÉ G. AGUILERA Y EZEQUIEL ORDOÑEZ

Geólogos de la Comisión.

MÉXICO

OFICINA TIP. DE LA SECRETARÍA DE FOMENTO

Calle de San Andrés núm. 15. (Avenida Oriente, 61.)

1895

COMISIÓN GEOLÓGICA MEXICANA.

DIRECTOR, A. DEL CASTILLO.

EXPEDICIÓN CIENTÍFICA

AL

POPOCATEPETL

JOSÉ G. AGUILERA Y EZEQUIEL ORDOÑEZ

Geólogos de la Comisión.

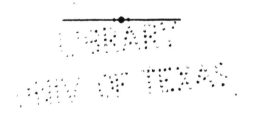

MÉXICO

OFICINA TIP. DE LA SECRETARÍA DE FOMENTO

Calle de San Andrés núm. 15. (Avenida Oriente, 51.)

—

1895

LIT. DEL TIMBRE

EL VOLCAN POPOCATEPETL.
(VISTA TOMADA DEL N.)

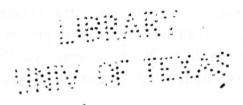
I

Según las observaciones y determinaciones últimas hechas por la Comisión Geográfica Exploradora, la cima de esta montaña se halla situada á los 19°01'17" de latitud N. y á 0°30'20" de longitud E. con relación al meridiano de la ciudad de México. El volcán Popocatepetl ocupa entre las montañas de la República el segundo lugar en altura, correspondiendo el primero al Pico de Orizaba, la montaña más elevada de la América del Norte.

El Popocatepetl, situado casi á 45° S.E. de la Capital, es el extremo meridional de la Sierra que separa la cuenca de México del gran valle de Puebla, sierra conocida con varios nombres, entre otros el de Sierra Nevada, de Ahualco ó Ahualulco.

Ya en 1789 el Padre Alzate nos daba la primera descripción sucinta del aspecto físico de aquella serranía y su importancia hidrográfica.

Considerada individualmente la sierra de Ahualco ó Sierra Nevada, es uno de los elementos orográficos principales del pais, no obstante su corta extensión; pues que á la vez que contribuye al relieve general del suelo en la parte alta de la Mesa Central, subdivide esta región imprimiéndole su fisonomía característica.

Esta pequeña sierra, con una dirección media de N. á S. y elevándose á alturas tan grandes, qué como dijimos se halla entre ellas la segunda de la República, forma la barrera que limita la cuenca de México por el E. separándola del valle de Puebla. La extremidad S. de dicha Sierra, justamente por medio del Popocatepetl, al enlazar sus faldas con las montañas de la serranía de Ajusco, cierra también la parte S. de la cuenca de México; teniendo que observar que el portezuelo que enlaza el Popocatepetl con dichas montañas, forma una de las líneas de división de las aguas entre dos cuencas vecinas y constituye uno de los pasos más altos de México entre dos serranías distintas.

Se extiende la sierra de que hablamos desde el N.E. de Jonacatepec en el Estado de Morelos hasta cerca de Otumba en el Estado de Hidalgo, con una longitud de 95 k. próximamente y con una anchura media de 30 k., tomando en cuenta solamente los estribos y contrafuertes principales que definen su relieve; pues que estos mismos elementos vienen á morir á las depresiones de los lagos de Chalco y Texcoco, y por el lado de Puebla se ligan por transiciones insensibles á elementos topográficos interiores de dicho valle, y por consecuencia la anchura en la base tiene que ser mucho mayor.

Forman la Sierra Nevada como elementos esenciales por sus dimensiones y altura los siguientes: los cerros de Tlaloc, Telapón, Papayo y los inmediatos al rancho de la Vaqueria, que se enlazan directamente con el pico septentrional ó cabeza del Ixtaccihuatl; el pico del medio de la misma montaña nevada llamado la Panza; los Pies; y por último, el Popocatepetl que se une al anterior por intermedio del llano de Pelagallinas y cerros llamados de las Minas y Venacho. Despréndense hacia el P., como contrafuertes principales, algunos ramales de estas eminencias, de altura un poco inferior á aquellas principales. La arista de la Sierra Nevada no es una línea recta de direción exacta N.S. sino que desalojamientos de esta dirección general, ondulaciones, etc., hacen su conjunto irregular y por demás interesante.

Pero siendo una sola la arista que define la longitud, dirección y separación hidrográfica de los dos grandes valles que divide, resulta naturalmente simple y hasta cierto punto ordenada la distribución de las corrientes que por sus cañadas, barrancas y talwegs se reparten en las dos vertientes; y así vemos los arroyos correr en direción casi transversal á la dirección de la sierra, y desviarse de esta dirección á medida que avanzan en las planicies de los valles donde la influencia de nuevos accidentes provoca esa modificación. En los extremos N. y S., por el contrario, la forma radiante ó divergente de las corrientes se adapta á la forma que en todo caso realiza una montaña aislada. Como el extremo S. de la sierra lo forma el macizo culminante del Popocatepetl, se puede observar sin gran trabajo esta ramificación, como los rayos de una estrella, en corrientes que se prolongan á distancias más considerables. Es digno de notarse que la importancia de las corrientes superficiales, que siguen las rutas indicadas, no está en relación con la media pluviométrica de la región, cuya cifra es fuerte, ya por su grande elevación como por la vegetación abundante que cubre sus extensos flancos, y la fusión de las nieves que tiene lugar en las cimas prominentes. Esto se debe sin duda á la gran permeabilidad de la formación de la superficie de sus laderas, donde el material volcánico pomoso en ella extendido en capas poderosas, permite la pronta infiltración de aquellas aguas que vienen á alimentar á profundidades no muy grandes, parte de nuestros lechos subterráneos de aguas no brotantes y artesianas, que la sonda descubre tanto en el valle de México como en el de Puebla.

Las corrientes de agua que alimentan al valle de México por su lado oriental, mueren unas en el lago de Texcoco y otras en el de Chalco.

Las principales que van al Texcoco descienden por los flancos occidentales de los cerros de Tlaloc, Papayo, Telapón, Tecama, etc., y son: el arroyo de Papalotla, el de Magdalena, el de Texcoco que pasa cerca de esta población, el de Chapingo, San Bernardino, Santa Mónica, Tlamimilalpa y el que pasa cerca de Coatepec, muchos de los cuales sólo llevan agua en la estación de las lluvias. Un contrafuerte alargado de las montañas de Río Frío, que se enlaza con los cerros del Tejolote y el Pino, sirve de línea de separación entre esta pequeña cuenca del Texcoco y la del lago de Chalço, al cual van á terminar las aguas que circulan en la vertiente occidental del Ixtacihuatl, por intermedio de los canales principales denominados de Tlalmanalco y el río de Ameca que recibe multitud de afluentes.

Los cerros de Coatepec y de Zoyatzingo, dependencias geográficas de las montañas del Cautze y del Tlamoloc, que á su vez forman parte de la Serranía de Ajusco, al unirse á los estribos que bajan del Popocatepetl, forman la línea divisoria de las aguas entre la pequeña cuenca del Chalco y el valle de Cuautla.

Las aguas que descienden por la vertiente oriental de la Sierra nevada constituyen tres grupos de corrientes de dirección y destino diversos, á saber: el grupo del N. formado por las de los cerros de Tlaloc, Telapón, etc., se dirige á los receptáculos de los Llanos de Apam; el grupo central, aguas que bajan principalmente del Ixtaccihuatl, se dirigen al valle de Puebla formando numerosos afluentes del río Atoyac, y por último, el grupo del S. comprende aguas que vienen del Popocatepetl y después de regar el valle de Matamoros se unen adelante al mismo río Atoyac.

Dadas estas ideas generales del conjunto de la Sierra Nevada, concretémonos á su más importante elemento, el punto culminante, objeto esencial de este trabajo, el volcán Popocatepetl.

El Popocatepetl, visto desde lejos, tiene la forma de un cono interrumpido por un pico lateral saliente del lado N.O. y otro más pequeño, apenas perceptible por el lado S.O. Este cono superior asienta por el S. en en otro más obtuso que extiende sus flancos á los profundos valles de Cuautla y Matamoros, y por el N. se apoya en el macizo de la Sierra. Las pendientes del cono hacia el E. son más uniformes que las del O., las primeras mueren por gradaciones insensibles en el valle de Puebla y las últimas son interrumpidas por el relieve de la serranía de Ajusco con la que se ligan.

Visto desde un lugar más próximo, esta regularidad desaparece y el volcán se presenta entonces con dos pendientes generales, la oriental más débil que la occidental, mientras que las del N. y S. son casi iguales, dando lugar á que el conjunto se presente como un cono elíptico cuyo eje mayor de la base siguiera la dirección N.O. S.E., pronunciada aún más por la presencia del pico llamado del Fraile (véase la lám. 1). El cono está compuesto de tres partes: la superior formada por un casquete de nieve de superficie y pendiente uniformes, que constituye un cono perfecto, cuya base es irregular y dentellada, debido á la línea que marca el límite de las nieves persistentes y los surcos por donde las aguas de fusión descienden; la parte media constituye un tronco de cono formado por las arenas, cuya superficie está cortada por líneas radiantes que dan curso á las aguas de fusión y cuyo talud es propio de este material detrítico, es menor que el del cono de nieve; y la parte inferior, que es la falda, sumamente irregular en su contorno, tanto por la presencia de rocas macizas desnudas, como por el desgarramiento profundo á que da lugar la prolongación de los mismos accidentes de la parte superior. Esta división concuerda por otra parte con las modificaciones de pendiente, siendo natural que la parte inferior sea la de menor pendiente, y la superior donde alcanza su mayor valor.

La cima del gran cono está truncada oblicuamente, dando lugar á una enorme cavidad ó cráter, cuyo borde más elevado se halla hacia el N.O., lugar llamado el PICO MAYOR, y la porción más baja queda al N.E.

La porción superior del cono cubierta por las nieves está formada en parte por la roca dura y compacta y parte por las cenizas y productos triturados arrojados durante las modernas erupciones; y estas porciones, ya de roca ó de material detrítico, no ofrecen distribución regular, aunque parecen dominar del lado S. estas últimas. En los flancos del N. y en el límite de las nieves se descubren esencialmente las rocas duras. La regularidad del cono de nieve es interrumpida algunas veces por pequeños acantilados, igualmente cubiertos, los cuales aparecen como pequeños escalones en los flancos.

En la parte N. y N.O. se encuentran varias grietas con dirección de S.E. á N.O., anchas y más ó menos profundas, que interrumpen la regularidad de la pendiente, y donde se observan estalactitas de nieve en los bordes salientes, donde la acumulación de nieves permite su regelación.

El aspecto de la nieve está en directa relación con las condiciones atmosféricas que varían constantemente. Durante el invierno y en los días lluviosos de cualquiera época del año, la superficie del manto ofrece notable solidez, es lisa y hace difícil y peligrosa la marcha. Este carácter que es el de la nieve regelada, es frecuente á la puesta del Sol, y obliga, por lo general á los viajeros, á descender violentamente cuando sopla un aire frío y húmedo, precursor de este estado de la nieve. En los días serenos y en las mañanas, la nieve tiene poca consistencia y es granuda, lo cual permite hacer la ascensión con más facilidad. El espesor de la nieve varía dentro de ciertos límites, que tienen relación con la naturaleza de la superficie sobre la que apoya, de la inclinación ó pendiente, de los accidentes topográficos; y la regularidad del cono de nieve, resulta de la acumulación en las depresiones del terreno y de la movilidad de las nieves.

El espesor mínimo de la capa de nieve, que es apenas de unos cuantos centímetros, se observa sobre los lugares de mayor pendiente, y en los de pendiente menos fuerte donde la nieve se apoya sobre las arenas. En este caso, probablemente el poco espesor debe atribuirse á la absorción de las aguas del deshielo por las arenas cuya permeabilidad es grande y cuya temperatura superior á la de congelación, permite la fusión y la circulación fácil de las aguas en su masa, pues que en la cima del Pico Mayor, en donde una capa de cenizas y destrozos cubre á las brechas, la nieve no adquiere un espesor mayor de 10 centímetros y aun se observan puntos, que aunque no de muy fuerte pendiente están desprovistos de ella. Que hay una fusión determinada por el calor retenido en las arenas, se prueba por la humedad constante que encierran.

Dijimos ya que en las depresiones la acumulación de las nieves es mayor y adquiere entonces un espesor de 2 á 2½ m.; solamente en el nacimiento de las barrancas, en las faldas del cono, cuando son bastante profundas para abrigar ó proteger de la acción del sol á la nieve acumulada, ésta llega á tener un espesor mayor, como se observa en el borde N.E. de la base del Pico del Fraile, donde la acumulación es tan grande que ha permitido el descenso de las nieves abajo del límite ordinario de las persistentes y presentar los caracteres de hielo de ventisquero.

La altura del límite de las nieves persistentes varía mucho durante las distintas épocas del año, siendo ésta mayor en verano que en el invierno; no variando en todo su contorno en la misma cifra, pues mientras que en·el lado N. la variación en la altura alcanza unos 100 metros próximamente, en el lado S. varía de una manera tan notable, que hay años que, en la estación de la secas, la nieve desaparece por completo, dejando descubierta la superficie de cenizas. Este fenómeno se explica por recibir por ese lado el volcán las corrientes de aire caliente y seco que suben de los valles más bajos de los Estados de Puebla y Morelos, debiéndose á esto también que aun cuando el lado S. del volcán esté cubierto de nieve, esta se halle mucho más alta que del lado N. y siempre en capa más delgada.

La línea que representara este límite sobre un plano tendría la forma de una línea quebrada semejante á una estrella de muchos y desiguales picos, pues que donde la nieve está expuesta á la acción directa del sol y al frotamiento de las corrientes de aire, conserva un nivel superior, mientras que en los talwegs, protegida de la acción directa del sol y de la de las corrientes de aire, y además, por su mayor acumulación á causa de la pendiente de las laderas, avanza la nieve á un nivel más bajo.

Tomando el término medio de los diferentes niveles en los cuales se encuentra la nieve persistente en el lado N. de la montaña, se puede fijar este límite en los 4,350 metros sobre el nivel del mar.

El interés que despierta el examen de la gran montaña del Popocatepetl, abajo del límite de la nieve, es grande. Por el lado S., desde Atlixco, Tochimilco y otros muchos puntos, se ven extenderse los grandes contrafuertes y las profundas barrancas que al partir de la nieve se separan. Del lado de Ameca, y desde las vertientes hacia Puebla, se observa igual disposición. En el lado N., frente al rancho de Tlamacas, podemos estudiar la variedad del relieve, así como los accidentes que las lavas y las brechas nos ofrecen. Hemos dicho que por este lado y un poco abajo la roca désnuda se cubre de arenas volcánicas con un manto que aumenta de espesor á medida que se desciende, como si este material movedizo buscase una pendiente más moderada para extender su talud.

Lo tortuoso de las barrancas de más ó menos profundidad, formadas en ambos lados de rampas de arena, divide el terreno en una serie de montículos enlazados de mil maneras, en los que su material se dispone por orden de tamaño y densidad; la superficie lisa y tersa de los taludes se cambia en su base en aglomeraciones de piedras de tamaños más y más grandes.

La perspectiva de la barranca de Tlamacas (lámina 2) da una idea de estos montículos de arena.

Al N.E. de la montaña y al E. de la vereda que desde el rancho conduce á la cima del volcán, esta regularidad de los montículos de arena se pierde, y se obser-

Lam.ll.

POPOCATEPETL

a. *Arenas negras*.
b. *Brecha roja*
c. id. *amarilla*
d. id. *de pomes ?*
e. *Derumbes*.

BARRANGA DE TLAMACAS.

LIT. DEL TIMBRE

van alargados, tortuosos y bizarros cordones de rocas duras, brechas compactas de color rojo y pardo rojizo, extendiéndose ya en cordones rectos, ya en grandes semicírculos escarpados en su borde y cubiertos de arena y brechas en su medio, que bajan hasta donde la pendiente se modera mucho, y suben hasta la orilla de la nieve para corresponderse en la cima y borde del cráter con crestones acantilados semejantes, haciendo perder la continuación el poder denudador y regularizador de la nieve.

No cabe dudá, dada la frescura y rugosidad de estas rocas, fuera del carácter petrográfico que veremos después, que se trata de lavas de las más modernas erupciones de este grandioso volcán.

Caminando en este sentido del E. para el S. se ve de nuevo regularizarse el cono por el manto de cenizas, para ser á poco interrumpido por nuevas corrientes que forman agujas, picachos, etc., de gran belleza, que sobresalen del talud de las arenas.

En el cuadrante que se extiende desde el punto llamado "La Cruz" hasta el borde oriental de la profunda barranca que nace abajo del Pico del Fraile, se extiende una gran depresión semicircular, en la cual nacen multitud de pequeñas barrancas, y una de grandes dimensiones llamada de "Tlamacas," alimentada por los deshielos del incipiente ventisquero que se forma en la gran hondonada formada entre el cono propiamente dicho del Popocatepetl y el Pico del Fraile. Esta barranca sigue al principio una dirección de S. á N. sufriendo después una inflexión al N.E. para descender rumbo al E. hacia

207883

el valle de Puebla. Las otras pequeñas barrancas de la misma vertiente se le unen en diferentes lugares.

El gran semicírculo á que nos referimos se completa por el alargado estribo que camina hacia el N., borde oriental de la profunda barranca del Fraile, y la prolongada cresta que remata en el cerro llamado de Tlamacas, al N. del rancho, á cuyo pie marcha otra pequeña barranca, afluente también de la que acabamos de hablar. La cresta del Tlamacas, al desprenderse como un ramal de la cresta principal que baja del Pico del Fraile, hace una gran inflexión, mientras que la cresta principal, siguiendo su dirección Norte, se liga á la Sierra Nevada, siendo ésta la única directa conexión del Popocatepetl con el resto de la sierra.

Situado el Pico del Fraile en la mitad del cono de nieve al N.O., se levanta de ese lado con su pendiente de nieve de cerca de 45° hasta su cima, cortándose bruscamente enfrente de la barranca en un colosal y profundo acantilado casi vertical.

Del exterior del Popocatepetl es sin disputa este picacho desgarrado la más imponente y hermosa vista de conjunto.

En este corte casi vertical, la nieve no ha podido ser acumulada más que en los pequeños escalones, relativamente poco inclinados, que dejan entre sí los grandes bancos de lava separados unos de otros por bancos de material no muy coherente, que la erosión desgasta más prontamente que la roca dura. En las partes salientes que resisten á esta acción se forman grandes columnas de hielo, verdaderas estalactitas de grandes dimensiones.

Este gran muro del Pico del Fraile, ligado por los
dos bordes de la barranca, define un semicírculo en-
trante cuyo aspecto á la simple vista simula la parte
conservada de un cráter, y aun así ha sido considerado
por algunos geólogos viajeros que han visitado esta
región;[1] pero un estudio detenido hace ver que esta opinión es errónea, por la estructura misma del gran muro. Más adelante diremos á nuestro modo de ver cómo
puede explicarse esta forma sin recurrir á la idea de
un cráter destruído, cuya semejanza es tan grande que
á primera vista todos sufrimos el mismo error.

Tanto el borde oriental como el occidental son más
ó menos rocallosos, escalonándose desde al partir del
Pico bancos de rocas duras, separadas por pequeñas
rampas de arena, que también se extienden algunas
veces en los extremos de los bancos. Debemos hacer
notar desde luego, que los bancos de roca dura que
forman estos acantilados se hallan separados unos de
otros por bancos de brechas que indican desde luego
corrientes lávicas sucesivas.

El fondo de la barranca se halla subdividido por
grandes macizos de brechas que se extienden hasta
muy abajo de la barranca. Los dos bordes, al partir
de su origen, base del Pico, se abren poco á poco. El
borde oriental llamado el "Ventorrillo" es la línea que
separa las vertientes de los dos valles.

Desde la cresta del Ventorrillo se observa hacia el
O. parte del origen de la barranca llamada del Potrero,
formada por el borde occidental de la del Fraile ó de

1 Felix y Lenk.—Beiträge zur Geologie und Palæontologie der Republik Mexico.—1890.

Cuixtla y un estribo alargado del cono del Popocatepetl. El contorno semicircular del origen de la barranca, de pendiente suave y cubierta de arena, forma en
su base un medio embudo que da la apariencia desde
dicho lugar de otro resto de gran cráter (lám. 3).

Las profundas barrancas que nacen de la falda del
cono de nieve del Popocatepetl, se forman de la misma
manera que acabamos de bosquejar para las dos grandes barrancas del N.O., es decir, de contrafuertes del
cono, un semicírculo en su medio, ora rocalloso y es-
carpado, ora de pendiente suave y arenosa; disposición
regular y uniforme, enteramente de acuerdo con la forma general cónica de esta elevada montaña.

En otras grandes eminencias como en el Ixtaccihuatl,
hemos observado una disposición semejante, aunque no
tan regular: cada nacimiento de barranca es un semicírculo; en su base hay una planicie humedecida por
aguas de deshielo que se denomina ciénega, y un salto
acantilado donde propiamente nace la barranca.

Las dos barrancas del N.O., la de Cuixtla y del Potrero, se desvían poco á poco hacia el O. y S.O. y sus
aguas descienden y salen al valle de Amilpas. Siendo
El Ventorrillo ó borde oriental de la barranca de Cuixtla, la cresta de división de las aguas, resulta que el
valle ó cuenca de México no recibe aguas que vengan
directamente de la montaña propiamente dicha del Popocatepetl.

Nos resta hablar tan sólo de la configuración de la
gran cavidad cratérica que ocupa la cima de esta montaña, que hemos podido estudiar con cierto detenimien-
to durante las 48 horas que permanecimos en el fondo

POPOCATEPETL

ASPECTO CRATERIFORME DEL NACIMIENTO DE LA BARRANCA DEL POTRERO.
VISTO DESDE LA CRESTA DEL VENTORRILLO.

LIT. DEL TIMBRE

de ella, y la excursión no menos interesante á la parte culminante del cono llamado el Pico Mayor.

La posición del cráter es excéntrica con relación al eje de la montaña, estando avanzado hacia el S.E., quedando el borde más grueso del labio á la vez que el más elevado, en dirección opuesta, es decir, hacia el N.O.

La cavidad que en su origen debió haber tenido la forma de un embudo ó cono invertido, más ó menos abierto y de sección circular, ha perdido á consecuencia de grandes derrumbes de las paredes en unas partes y de la obstrucción por brechas y destrozos acumulados en otras, la forma primitiva, y hoy se presenta como una cavidad de sección elíptica irregular, de paredes acantiladas, casi verticales, de fondo sinuoso, cuya parte más baja queda hacia el S.E. A consecuencia de los derrumbes de las paredes, el borde del cráter ha perdido su forma característica ó sea la de una cresta separando dos pendientes, la pendiente exterior general del cono y la interior formada por el material detrítico arrojado y caído después de nuevo en el interior del cráter. De esta pendiente solamente quedan pequeños restos pegados á las paredes del N.E. en el lugar llamado el Malacate ó Brecha Siliceo, que es el lugar más bajo de todo el borde. Al derrumbarse las paredes, el cráter se ha ido ensanchando gradualmente y el material al caer al fondo ha rellenado la parte estrecha del cráter primitivo, y después, continuando el fenómeno sin interrupción, una vez que el fondo hubo adquirido mayor extensión y menos pendiente, y que el desalojamiento lateral de las paredes fué bastante sensible, los materiales de los derrumbes comenzaron á acumularse al pie de las paredes ya acantiladas, formando con su talud una corona de diferente altura é inclinación; es decir, que el cráter se compone en la actualidad de paredes acantiladas que corresponden á la mayor parte de su profundidad y de un talud de escombros en la base, de manera que la gran cavidad resulta ser un cilindro elíptico que se apoya sobre un trozo de cono invertido (véase plano).

La altura de los derrumbes sobre el fondo del cráter no es la misma en todo el derredor, pues que la importancia de éstos no ha sido siempre igual. Su inclinación ó talud es diferente también, debido á que los materiales no han sido de iguales dimensiones. Así, mientras que al pie de los acantilados del E., S. y O. alcanzan su mayor pendiente, teniendo sobre el fondo apenas unos 30 metros, en el N. y N.E. son mucho más altos y de menor pendiente, pues la parte saliente y angosta del cráter, como se ve en el plano, es indudablemente debida á grandes derrumbes de piedras de grandes dimensiones, que han formado una rampa de 32° hasta 40° de pendiente y de una altura sobre el fondo de 118 metros.

El fondo del cráter no es una superficie plana ni es tampoco bien definido, sino que se observa una superficie desigual, sumamente irregular, tal como corresponde á su origen, pues que proviene, como se ha dicho, del azolve del primitivo; así es que se encuentran montículos de destrozos, grandes blocks rocallosos diseminados, superficies curvas, y, por último, en la parte más baja y aproximada á la pared del S.E., donde

el montón de escombros es menor, se halla una pequeña laguna de dimensiones que varían durante las épocas del año, y cuyo fondo está formado de piedras y
arenas, lo mismo que el resto de los derrumbres. La
irregularidad y aspereza del fondo está encubierta por
la nieve que cubre la rampa de escombros del N. y el
fondo propiamente dicho, de tal manera que solo en
uno que otro punto asoman los grandes peñascos des-
prendidos.

El eje mayor de la elipse de la boca del cráter está
dirigido de N.E. á S.O., tiene una longitud aproximada de 612 metros, como resulta de una pequeña trian-
gulación hecha con brújula en el fondo del cráter; el
eje menor tan sólo mide 400 metros.

La profundidad del cráter tomada desde la orilla de
la laguna hasta el Malacate, situado como se sabe en
el paraje llamado Brecha Siliceo, á 30 metros aproxi-
madamente abajo del borde más bajo del cráter, es de
205 metros, obtenida por observaciones hipsométricas
hechas en los dos puntos mencianados. Por el mismo procedimiento hemos determinado la profundidad
máxima, es decir, del Pico Mayor á la laguna del fondo, encontrando 505 metros, como se ve, muy diferente de las que han sido calculadas anteriormente.

El cráter no está definido por una arista uniforme,
sino profundamente dentellada, sobre todo en las regiones del S. y E., recibiendo en los cuatro rumbos principales distintas denominaciones; así: al N.O., parte
más elevada "Pico Mayor;" al S. y S.E. "El Portezuelo;" al E. "El Espinazo del Diablo," y por la parte
más baja que comprende el N. y N.E. "El Labio infe-

rior." De esta forma dentellada, de la acción de los derrumbes y de la diversidad de modificaciones sufrídas durante las últimas erupciones del volcán, resulta la diferencia de altura bastante sensible en los labios, pues que del Malacate, muy cerca de la cresta del Labio inferior, al Pico Mayor, hay una diferencia de 300 metros, cifra muy respetable.

II.

El Popocatepetl es uno de aquellos volcanes que por su posición, en la región media y central del país, por sus dimensiones y la larga serie de erupciones volcánicas que por él han tenido lugar, representa un papel preponderante en los acontecimientos geológicos de México de las últimas edades; pues á su aparición y prolongada vida ó actividad han precedido y seguido otros muchos fenómenos, no sólo en las regiones vecinas de su posición sino aun á largas distancias, de tal manera, que podremos tomarlo como punto de partida ó término de comparación para nuestras especulaciones relativas á la demarcación de la edad de un grupo extenso de rocas eruptivas. Podemos partir para esta determinación de dos caminos diferentes aunque no de igual valor: ya tomando sólo en cuenta la composición y estructura de las rocas, sabiendo la relacion media que existe entre éstas y su edad relativa; ya determinando la situación de los productos de sus erupciones con respecto á las otras formaciones, esencialmente las inferiores ó en las que se apoya.

El Popocatepetl es un cono formado por la sobreposición de una grande serie de corrientes de lavas coronadas por material detritico, brechas, arenas, cenizas, etc. Corresponde al tipo de los volcanes denominados por algunos geólogos *volcanes estratificados*, en razón de la semejanza que las corrientes tienen con los estratos de las formaciones sedimentarias.

En esta serie de corrientes, que corresponden al período de mayor energía del volcán, se notan, en aquellas que son accesibles, las modificaciones en estructura y composición siguientes: las lavas de las corrientes más bajas que hemos podido estudiar al microscopio tienen una estructura diversa de las lavas de las corrientes superiores. Este contraste de estructura se percibe también á la simple vista cuando se comparan fragmentos pertenecientes á diferentes corrientes, y se ve entonces que las rocas de las corrientes inferiores tienen una estructura más granuda y un lustre menor que las rocas de más arriba, las cuales presentan el lustre resinoso más ó menos intenso, característico de muchas rocas eruptivas, que motivó que en épocas anteriores, cuando la Petrografía estaba todavía muy atrasada, se les diera el nombre de retinitas ó piedra pez, mientras que á las más granudas de las capas inferiores las designaban con los nombres de pórfidos traquíticos ó traquitas, según que la estructura porfiroide estaba ó no bien desarrollada. Otra circunstancia digna de notarse, y que está en perfecta consonancia con la diferente edad de estas rocas, es que el color rojo, que en ellas generalmente se debe á la mayor ó menor descomposición de los elementos ferromagnesianos de la roca, por la acción eminentemente oxidante que desempeña la chimenea del volcán, se nota también que tiene tonos diversos en las rocas de estas diferentes corrientes.

Estudiadas al microscopio las rocas de las diferentes corrientes de lavas, presentan en su estructura las siguientes modificaciones graduales que se notan al partir de las más antiguas. El magma fundamental de estas rocas va sufriendo una notable degeneración en su cristalinidad, de manera que en las corrientes inferiores en que la roca ofrece la estructura traquitoide más perfecta, la materia amorfa es sumamente escasa, y se ve siempre individualizada, al grado de ser los elementos en que se ha devitrificado sensibles á la acción de la luz polarizada; mientras que en las corrientes más modernas, la parte amorfa domina siempre con los caracteres correspondientes de las rocas vítreas. Entre los elementos microlíticos de la desintegración del magma y aquellos elementos que constituyen la primera consolidación que se verifica en la roca antes de su aparición al exterior, existen las mayores semejanzas, de modo que puede pasarse de los unos á los otros por graduaciones insensibles, salvo algunos cuya época de cristalización es la más antigua, como el olivino, que en cristales poco alterados ó más bien poco corroídos viene en la roca más baja que hemos podido descubrir. A medida que nos acercamos á las corrientes superiores las dos fases de la cristalización se definen más fácilmente, al mismo tiempo que la devitrificación del magma amorfo se hace más incompleta.

Estas modificaciones de la estructnra están de acuerdo con las condiciones de calor ó temperatura de las lavaṣ, que indudablemente no han sido las mismas para toda la serie de erupciones lávicas, y así, mientras que en las primeras corrientes la temperatura era mayor por ser menor la distancia de la chimenea al magma interior fundido, las rocas al aparecer al exterior venían con más calor, y al enfriarse lentamente se podian formar cristales aun de la misma naturaleza que aquellos que vienen ya formados del interior, en los momentos en que tiene lugar la completa consolidación del magma, y de aquí que la separación de dos tiempos de consolidación no sea completa. La misma fluidez con que aparecieron estas primeras corrientes les permitió cubrir extensiones superficiales muy considerables, acumulándose bajo débiles pendientes, y dar nacimiento á la gran base en que descanza el cono pendiente del volcán. No así las más modernas corrientes, que habiendo llegado al exterior más frías, con sus elementos primero consolidados completamente formados, eran más pastosas, se extendían en superficies más reducidas y al enfriarse bruscamente quedaba una parte del magma amorfo y otra en devitrificación incipiente, cuyas formas cristalíticas descubre el microscopio. La poca fluidez originó las gruesas corrientes de lava, que presentando obstáculos á las corrientes superiores han venido á formar el cono de fuerte pendiente del volcán.

La composición mineralógica ha sufrido igualmente algunas variaciones al partir de las lavas más antiguas accesibles. Estas, que pueden considerarse como del grupo de los basaltos cambian su composición para llegar á las andesitas en las corrientes superiores. Así, el olivino, elemento característico de aquéllos, en extraordinaria abundancia, como puede verse en las rocas que forman la barranca llamada del Provincial, en el camino de Ameca para el rancho de Tlamacas, se pierde completamente en la roca de la cuchilla del Ventorrillo que desciende al O. del mismo rancho como un contrafuerte del Pico del Fraile. La augita, el otro elemento característico, y que se presenta en granos en el magma y en cristales, desaparece en el primero y disminuye lentamente bajo la segunda forma á medida que la hiperstena, mineral esencial de las andesitas de las corrientes del cono superior, va en aumento, presentándose primero como cristales de primera consolidación y después también como cristalitos en la devitrificación del magma consolidado al último. El labrador, casi el único feldespato de la roca del Provincial, queda solamente al estado de cristales primitivos en las lavas más modernas, en donde es sustituído por la oligoclasa bajo la forma microlítica. La oxidación del fierro que acompaña á las rocas ha sido mayor para las nuevas corrientes, pues mientras que las primeras, no obstante contener el fierro en abundancia, son de color gris, á las últimas el fierro oxidado les comunica un intenso color rojo ó pardo rojizo.

Estas modificaciones de estructura, composición y grado de oxidación de una manera gradual, tal como las hemos indicado, demuestran una serie de diferenciaciones del mismo magma fundido, que han tenido lugar debido á diferentes condiciones de temperatura, presión y enfriamiento. De acuerdo con estas mismas modificaciones que nos indican la diminución gradual de la energía volcánica, se han verificado durante la historia de la vida del volcán, acontecimientos que pueden agruparse en tres períodos á los cuales les convendrían las denominaciones de *Período lávico, brechógeno y cinerógeno*, atendiendo á la naturaleza y estructura de los productos de las erupciones que tuvieron lugar en cada uno de los diferentes períodos.

ᐟLa estructura de la montaña hasta en su parte superior nos hace ver que el mayor efecto y durante la mayor parte del tiempo de su actividad ha sido consagrado á la emisión de lavas que, en un estado más ó menos líquido ó pastoso, han aparecido en su mayor parte por una sola chimenea, como lo demuestra la estructura *pseudo–estratificada* de las capas de lava que forman las paredes del gran cráter en los 500 metros que tiene de profundidad, y que la disposición general ó la manera por la cual se ha formado el cono principal ha sido en todo caso con poca diferencia la misma, solamente que los esfuerzos han sido cada vez menores.

Cada corriente de lava compacta se halla separada de la inmediata inferior por una capa más ó menos gruesa de brechas compuestas de fragmentos de roca de variados espesores semejante á la lava en que se apoyan, cimentados por una materia terrosa, arenas aglutinadas ó lapilli, unas veces de color amarillento ó amarillo rojizo, como se observa en las brechas más bajas, y otras de color rojo, como en las que quedan más cerca de los bordes del cráter. La manera más fácil de explicarse la posición y la producción de este material detrítico es simplemente por el gran esfuerzo que en el momento de un paroxismo desarrollaban los vapores acumulados abajo de la chimenea, precursores de la salida de las lavas que vencían el tapón de lava recalloso que obstruía el canal de salida y que eran restos de la corriente de lava inmediatamente anterior. En esta gran tensión de los gases y vapores, las rocas del tapón eran en parte pulverizadas y calcinadas, y unas eran lanzadas en grandes fragmentos como bombas, otras como productos triturados que se acumulaban en el anillo ó corona del cráter que estaba en. vía de formación.

Algunos fragmentos de aquellas brechas se ven calcinados y porosos en la superficie, vítreos y compactos en el interior, indicando que habían estado bajo la influencia del calor antes de su proyección. Es de notarse la no existencia de lechos de arena fina interpuestos entre cada corriente y semejante á la que ahora cubre una gran parte de los flancos exteriores· del gran cono, lo que sin duda es debido á que, ó la fuerza de proyección no permitía una fina trituración, ó á que por su poco peso era arrojada á mayores distancias durante la proyección.. Terminada la destrucción del tapón sólido de la chimenea, la emisión relativamente tranquila de la lava se hacía por desbordamiento, cubriendo todo ó parte de la corona del cráter, con una simetría perfecta en las corrientes más antiguas como lo dejan ver los cortes naturales de los bordes.

Contacto entre una
brecha volcánica
y una corriente de
lava cerca de
"El Picacho."

E.

O.

Este doble fenómeno, la producción de brechas y emisión de lavas se verificó un gran número de veces; primero en proporciones verdaderamente grandes, como lo indican los espesores de las corrientes inferiores, disminuyendo después gradualmente, como que la lava tenía que ascender á mayor altura. Este movimiento lento de la lava fluida por la chimenea la enfriaba bruscamente al aire antes de escurrir, y de ahí proviene la menor extensión y el aumento progresivo de la materia vítrea que se observa en las corrientes modernas.

Cada capa de brecha y su vecina de lava marcan, pues, un paroxismo en que el período de tiempo transcurrido de uno á otro producto variaba en amplios límites. Así, mientras que en algunas lavas no se observa alteración alguna en su superficie superior, en otras un profundo agrietamiento, su irregularidad y su aspecto fragmentario indican un desgaste por erosión y trabajo de la atmósfera durante el tiempo transcurrido desde su depósito á la emisión lávica del nuevo paroxismo.

Hasta en las más antiguas é inferiores corrientes se observa la alternancia de lavas y de brechas como puede verse en las gruesas capas de basalto de olivino que quedan descubiertas en la barranca del Provincial, camino de Ameca para Tlamacas, separadas por un lecho delgado de brecha, y como se ve claramente también en las distintas series que se encuentran recorriendo la cuchilla del Ventorrillo, borde oriental de la barranca del Fraile y estribo del Pico de ese nombre. (Lám. 3).

En el lado N.O. del cono del Popocatepetl, una serie de corrientes que avanzaron hasta el mismo lugar formaron, por su sobreposición en la extremidad, un gran acantilado en el cual tenían lugar grandes y muy frecuentes derrumbes. Intercaladas entre las capas de lava, capas de brechas menos resistentes, por haber salido de la chimenea ya alteradas y ejerciéndose en unas y otras la acción combinada de la nieve, de las aguas de fusión y de la atmósfera; las brechas cediendo más fácilmente á esta acción, al destruirse dejaban sin apoyo á las lavas que en dichas brechas se apoyaban; y como este desgaste de la brecha se continuaba hacia el interior, los huecos que así se originaban alcanzaban á veces grandes dimensiones y entonces quedaban grandes cornizas voladas de lava, que cuando adquirían grandes proporciones, bajo la acción de la gravedad, se desplomaban formando blocks de variados tamaños, que acumulándose en la base del acantilado llegaron á formar un medio cono de escombros. Continuando sin interrupción estos derrumbes han venido á transformar esta serie de corrientes en un pico gigantesco llamado Pico del Fraile, separado del cono por una cresta ó caballete, originado por la acción de la nieve que lo cubre; la falda ó parte inferior de la serie de corrientes se ha convertido finalmente en una especie de anfiteatro, del cual nace la profunda barranca llamada del Fraile.

Esta es á nuestro modo de ver la manera más satisfactoria de explicarse la formación del Pico del Fraile, que no está de acuerdo con la opinión de los ilustres viajeros, los Doctores Felix y Lenk, quienes consideran aquel macizo saliente, desprendido del gran cono, como los restos de un antiguo cráter, del que se conservaría solamente su cuadrante S.E.[1]

Decimos no estar de acuerdo con aquella autorizada opinión, fundándonos solamente en la disposición de las series de corrientes y brechas que forman dicho pico. Las lavas y capas de brechas desde la base del Pico del Fraile tienen una inclinación hacia el N.O. de cerca de 15°; es decir, están inclinadas en el mismo sentido que aquellas que forman el gran cráter, han escurrido, pues, lo mismo que aquéllas, en el sentido de la pendiente del cono. Si al decir de aquellos geólogos el Pico y acantilado del Fraile son los restos del cuadrante S.E. de un antiguo cráter, no podemos explicarnos cómo las capas de lava y brechas se inclinaban del labio del cráter á su fondo y no del borde á la pendiente exterior, es decir, del centro hacia la periferia, como es lo que tiene siempre lugar para lavas por desbordamiento. Todas las corrientes del Popocatepetl están inclinadas en el sentido de la pendiente del cono exterior sobre el que han escurrido, como se puede ver en cualquier lugar donde se hallan á descubierto las lavas.

Sería más aceptable suponer que el Pico del Fraile, lo mismo que un picacho que queda en el cuadrante S.O. y que se distingue con facilidad por aquel rumbo, fueran los restos del borde de un antiguo cráter en el centro del cual se hubiera venido á formar posteriormente el cono principal, pero aun este supuesto aparentemente más fundado, pues que tanto en el Pi-

1 Berträge zur Geologie und Palæontologie der Republik Mexico.—1891.

co del Fraile como en el del cuadrante S.O., las corrientes de lava se dirigen hacia el exterior, en el sentido de la pendiente del cono, nos parece, sin embargo, que no es de aceptarse, por no encontrarse diferencia de pendiente entre las corrientes de estos picos y la del cono principal, como debiera suceder si este último hubiera venido á llenar la cavidad de ese gran cráter. La naturaleza de las rocas es idéntica y correspondiente al mismo estado de diferenciación del magma, y finalmente en el resto del contorno del volcán, ni á la altura de estos picos, ni en su falda, se encuentran restos de corrientes que debieran tener inclinación distinta, y sí se nota la uniformidad en la disposición de las corrientes sobrepuestas, enteramente análoga á las del gran cono actual.

Nosotros creemos que basta para explicarse la presencia de estos picos caprichosamente aislados de la parte principal de la montaña, hacer intervenir simplemente la erosión de las aguas á favor de grietas transversales preexistentes en los flancos del volcán, con profundidad más ó menos grande, y de las cuales se presentan todavía ejemplos en la parte N. y N.O. del cono. La erosión obrando sobre las capas de brecha menos resistentes, que debieron cubrir de una manera uniforme tanto á estos picos como al resto del cono, ha podido, durante el tiempo que precedió al depósito de las nieves, de una manera estable, separar del cono principal estos picachos por espacios que la acción destructora de la nieve se ha encargado, en el transcurso del tiempo, de darle mayores proporciones tanto en el sentido horizontal como en el vertical.

Las últimas corrientes de lava que han tenido lugar en el gran cono del Popocotepetl se hallan extendidas en su cuadrante N.E., en donde afectan una disposición escalonada, que el manto de arenas que las cubre en parte se ha encargado de hacer sensiblemente más regular. Se pueden distinguir tres corrientes, en que la inferior, la más antigua, está más abajo del límite de la vegetación arborescente, reconocible por acantilados que sobresalen de la capa de arenas; esta es la más extensa, tanto en longitud como en anchura. Se halla separada de la inmediata superior por una capa gruesa de brechas que forma otro escalón. La extremidad de la segunda corriente de lava forma un gran semicírculo sobre la primera, su estructura es en lajas más ó menos onduladas, semejando una estructura de escurrimiento; la roca es de color gris obscuro. Nuevas brechas se interponen en la base de la tercera corriente; las lavas forman de nuevo un semicírculo; la parte media de la corriente se alarga como un cordón despedazado, y la superficie es escoriácea, notándose en cada uno de estos tramos en que se divide la cresta, que la porción central es compacta y la superficie es esponjosa como la de los tezontles. La superficie lisa, el color dispuesto en zonas en la parte compacta de la lava que forma bancos sinuosos, marcan bien una estructura fluidal. Esta última corriente parece terminar en el lugar llamado La Cruz y un poco más arriba en el punto que llaman el Cargadero, estrechándose siempre esta corriente de abajo hacia arriba, hasta terminar en una cresta aguda y algo saliente de la superficie. Hay que notar que el Cargadero es el

punto de la línea que determina el límite medio de las
nieves persistentes, y que de allí hasta el borde del
cráter la generatriz, por decirlo así, del cono de nieve
es casi uniforme, pues que sólo presenta ligeras variaciones en su pendiente.

Esta desaparición de la corriente de La Cruz debajo
de las arenas y de la nieve, simula una interrupción
brusca en el curso de la corriente, circunstancia que ha
hecho creer á algunos geólogos, como los Sres. Felix y
Lenk entre otros, que la corriente se había originado
por una grieta ó cuarteadura en el flanco del cono y
precisamente en el lugar de la interrupción; pero la
observación del borde del cráter ó el labio inferior donde está instalado el malacate para la extracción del
azufre, punto á donde llegan todos los viajeros, y que
en otro tiempo fué llamado Brecha Siliceo, demuestra
que la lava que sobresale de las dos rampas de nieve
y la cresta aguda y saliente llamada el Espinazo del
Diablo, es de naturaleza enteramente semejante, igual,
mejor dicho, á la lava de La Cruz, en composición, estructura y aun en la forma cariada y rugosa de la superficie. Esto nos inclina á creer que la corriente de
La Cruz ha provenido por desbordamiento, por el borde del cráter, y que la interrupción de que hablamos
ha sido solamente producida por la acción destructora
de la nieve que, al acumularse después definitivamen-
te, ha regularizado la pendiente del cono, y ha contri-
buido á hacer más palpable la independencia entre el
cráter y la corriente de La Cruz. Desde cualquier punto del Cargadero ó La Cruz pueden verse pedazos de
la misma corriente que aún quedan cerca y en los bor-

des del cráter en condiciones de posición tales, que no hay dificultad alguna en reconstruir la corriente con su pendiente de escurrimiento desde la parte superior.

No creemos imposible la existencia de grietas ó planos eruptivos en la parte Oriental y Occidental del cono del Popocatepel, toda vez que nosotros hemos tenido la oportunidad de descubrir diques de lava cortando á las lavas y brechas en la parte N.O. de la falda de la barranca que nace del Pico del Fraile. Estos diques, de un espesor aproximado de 2 m. se distinguen perfectamente en tramos bastante considerables con rumbo N. 20°0, sin que se perciba en ellos el enlace que los ligara con corrientes cuya salida se hubiera hecho por las grietas que ellos llenan. Son verdaderos diques aislados que mueren en forma de cuñas y que indican que las lavas que los rellanaron hacían su desbordamiento por otros lugares.

Es, pues, muy posible que así como existen estos diques haya habido grietas de mayor extensión por las cuales haya tenido lugar la aparición de corrientes extensas de lavas.

En la corriente de La Cruz, lo mismo que en las que bajan por la cuchilla del Ventorrillo y la del Potrero del lado N.O. del volcán, se encuentra la parte compacta de la lava completamente pulida, efecto que indudablemente se debe en su mayor parte, si no en su totalidad, á la acción de la nieve, y no exclusivamente á la de la arena levantada por los vientos que soplan constantemente con mayor ó menor intensidad. Los

Sres. Felix y Lenk[1] atribuyen á esta última causa el fenómeno de que nos ocupamos, pues que habiendo hecho su ascensión en el invierno, época durante la cual las precipitaciones son más escasas, el límite de las nieves se conserva á un nivel mucho más elevado que en la estación de las lluvias, en que á favor de precipitaciones más abundantes y más numerosas, que todas se resuelven bajo la forma de granizo en la parte baja y de nieve en la parte alta, el agua congelada extiende su dominio hasta el rancho de Tlamacas y esta agua al fundirse por su escurrimiento, sigue las líneas de mayor pendiente, y por su deslizamiento en masa sobre las rocas, produce el pulimento de éstas. Hemos tenido cuidado de observar la dirección en que se verifica este pulimento de la roca, y no hemos encontrado ninguna relación constante entre la dirección de los vientos reinantes y la de las superficies pulidas; antes por el contrario, hemos encontrado con más frecuencia completo desacuerdo entre estas direcciones. Llevando nuestra observación á piedras amontonadas naturalmente ó por la mano del hombre, como se ve en el Ventorrillo, hemos descubierto que siempre la superficie pulida se encuentra en la dirección de las líneas de escurrimiento de las aguas de fusión, que pertenecen naturalmente á las superficies de deslizamiento de la nieve ó granizo acumulado. Para cerciorarnos más, hemos cuidadosamente comparado los efectos de este fenómeno en rocas que se encuentran en la cresta de las cuchillas constantemente batidas por el viento, con rocas

1 Beiträege zur Geologie und Palæontologie der Republik Mexico. —1894.

completamente abrigadas, y el efecto es enteramente el mismo, cosa que no debiera suceder si él hubiera sido producido únicamente por los vientos, tal como se asegura por los viajeros mencionados.

La segunda fase de actividad del volcán que antes dejamos enunciada, es decir, aquella en la cual los productos de las erupciones están constituídos casi exclusivamente por brechas, corresponde á un espacio de tiempo bastante considerable, durante el cual la actividad tuvo sus alternativas de intensidad, sin llegar jamás á producir corrientes de lava, sino que las brechas, productos de estos nuevos paroxismos, eran unas veces de consistencia sumamente débil, muy ligeras, formadas en su mayor parte de pomez; otras veces el estado pomoso de los productos era menos perfecto, como transición del tezontle á la pomez, y finalmente, con elementos de esta naturaleza salieron lanzados, bajo la forma de bombas, blocks de dimensiones considerables de la roca andesítica, idéntica á la de las corrientes de lava. Estos tres tipos de productos se acumularon bajo la influencia de las aguas en estratos concordantes en inclinación, pero cuyos espesores y extensiones son diferentes. En la parte más baja se hallan fragmentos y blocks andesíticos mezclados con lapilli y tezontles muy ligeros pasando á pomez; en la parte media predominan los fragmentos pomosos y sólo se encuentra uno que otro fragmento andesítico fresco; en la parte superior se encuentra únicamente la pomez en diversos estados de división unidos por cemento arcilloso y ferruginoso. Aquí, en esta serie de erupciones de brechas, lo mismo que en las erupciones de lavas, se nota también que los productos son más oxidados á medida que son más modernos, y entre ellos se encuentran tres horizontes representados por capas de brechas de color rojo intenso y de consistencia ó cohesión mayor que corresponden á tres épocas de tranquilidad más ó menos prolongada, durante las cuales los productos de la superficie alcanzan su mayor alteración. La capa roja superior marca el límite del período brechógeno é inicia un período de quietud que precedió á la fase cinerógena, último período en el cual ha salido materia sólida del volcán. Llama la atención que en todo el conjunto de capas de brechas no se descubran arenas y cenizas, como si éstas no hubieran sido formadas en las erupciones de brechas, ó más bien, que habiéndose formado eran transportadas á mayor distancia, tanto en los momentos de los paroxismos como después, por la acción combinada de las aguas circulantes y de los vientos. Estas capas de brechas pomosas deben su formación á verdaderas lluvias de lapilli, etc., que se sobreponían unas á otras y eran ordenadas parcialmente por las aguas en los intervalos de una á otra erupción. Que este es el origen de estas capas de brechas, lo prueba la circunstancia de encontrarse asociadas en la misma capa, al mismo nivel, y por consiguiente bajo la misma pendiente, deslaves de pomez y fragmentos de andesita compacta, como se ve en las capas inferiores, y además el que los elementos de la brecha no tienen la disposición uniforme á que obedecen los depósitos sedimentarios, pues que se les encuentra en todas las posiciones posibles dentro de la capa.

La barranca de Tlamacas és uno de los lugares en que pueden estudiarse con más facilidad esta serie de capas, pues que la profundidad de la barranca permite observarlas en un gran espesor. Podemos distinguir esencialmente tres clases de tipos de capas, á saber: capas de brechas, compuestas de fragmentos de variadas dimensiones de rocas andesíticas, como las lavas poco alteradas acompañadas de fragmentos de tezontle cimentadas por una pasta de arcillo-pomosa, no tienen consistencia y es el tipo más bajo; capas de brecha poco coherentes, verdaderas aglomeraciones de fragmentos más ó menos claramente pomosos con lapilli y pomez remolida que le sirve de cemento, de color generalmente gris amarillento ó blanco agrisado, éstas son las de mayor espesor y las más abundantes, las capas no conservan un espesor uniforme sino que tienen estrechamientos y algunas terminan en cuña después de un trayecto relativamente corto; capas de brechas rojas bastante resistentes, de elementos en lo general de menor dimensión que los de las capas inferiores, reunidos por un cemento notablemente arcilloso; estas capas menos numerosas, pues sólo se encuentran tres que no tienen la misma extensión, conservan un espesor más uniforme y presentan en su masa general un endurecimiento análogo al que ocasiona en las tobas volcánicas el contacto de corrientes de lava; teniendo, cuando los elementos son pequeños, el aspecto de un ladrillo poroso. Los fragmentos que asociados forman estas brechas parecen en parte calcinados, y aunque entre ellos se nota mayor ordenación como indicando que el agua tuvo mayor participio en la formación de la brecha, sin embargo no están subdivididas en lechos sobrepuestos de diverso grano, como correspondería á un conglomerado perfecto formado por las aguas. La pendiente en estas capas varía entre 30° pegado al cono del volcán donde está casi en contacto con las rocas macizas y 5° que alcanza á los 2,500 metros de distancia. Es pues de suponerse que los elementos que forman la capa, al caer se depositaron conforme á la pendiente del suelo, y la forma, consistencia y demás particularidades de la brecha demuestran que su depósito fué inmediato al momento de proyección. El corte adjunto da una idea de la disposición de las capas de la barranca de Tlamacas.

La fase cinerógena que cierra la serie de erupciones del Popocatepetl, ha tenido también una larga duración y energía bastante para formar el manto de arenas que cubre á los otros productos eruptivos en una extensión muy considerable, y para que removidos por los vientos y por las aguas corrientes hayan, en diferente proporción y estados de alteración diversos, tomado parte en la formación de las tobas arenosas volcánicas de las faldas de la montaña. Al pie del cono del volcán alcanzan estas arenas, casi inalteradas, espesores muy variables, dada su movilidad que les permite acumularse en las hondonadas y depresiones ligeras del suelo, así como ser transportadas por los vientos á las cimas y crestas de los elementos secundarios del relieve de esta parte de la montaña. Cubren las arenas, como se ha dicho ya en otra parte de este informe, al cono en casi toda su superficie con un espesor que depende de las pendientes del cono y de las irregularidades que

POPOCATEPETL

Lam. VI.

BARRANCA DE TLAMACAS

ABAJO DEL CAMINO.

1. Capas de arena negra.
2. Brecha roja.
3 Brecha de Pomex.
4. Brecha de grandes fragmentos.
5. Brecha pomoza fina.

LIT. DEL TIMBRE

en él ocasionan las lavas más ó menos desgarradas, así como las barranquitas que en dicho cono han formado las aguas de los deshielos.

Sedimentos de este material volcánico y de pomez se extienden en sus faldas en capas de variados espesores, en las que se intercalan algunas veces lentes delgadas de aluvión que indican los tiempos de reposo del volcán y en el que las aguas operaban su trabajo de acarreo; las capas tobosas unas veces compuestas exclusivamente de fragmentos de pomez aglomerados, nos marcan, como los aluviones, transportes violentos, mientras que las tobas de la capa superior ó superficial son de grano fino, como si este material fuese re-molido mezclado de arcilla, y es indudablemente el resultado de deslaves ó de un depósito lento.

Las capas de arena intercaladas entre algunas capas de toba son de muy débil espesor. Hay que hacer notar la semejanza en la manera, de depósito de los materiales de trituración que provienen del Popocatepetl, con los productos igualmente de trituración de las rocas pliocenas que circundan la cuenca de México por el O.: á las capas de brechas pomosas de depósito violento que se sobreponen inmediatamente á las andesitas de hiperstena y hornblenda de aquella región, les siguen tobas pomosas de grano fino, deslaves y redepósito de las anteriores, solamente que éstas encierran con frecuencia restos de vertebrados cuaternarios.

Las andesitas de hiperstena que abundan en la cuenca de México en macizos aislados, ó en pequeñas sierras en el interior, han aparecido muchas de ellas antes de las erupciones de aquel grande volcán, otras les han sido contemporáneas, y aquellas más antiguas que comenzaron á fines del Plioceno pudieron continuar hasta el período reciente casi sin interrupción sensible. Las primeras erupciones de andesitas hipersténicas casi ligadas á las de hiperstena y hornblenda del O. de la cuenca, han sido en parte cubiertas por los sedimentos con "equus," "cariacus," "elephas," etc., del fondo plano de la cuenca, y conservan aún muy imperfectos y destruídos en su mayor parte los cráteres que les han dado nacimiento, como se ve en los cerros del S. de la sierra de Guadalupe al N. de la ciudad de México, y lo mismo sucede en el cerro del Tigre, la sierra de Monte Alto al N.O. y cerca de Atizapán en la misma cuenca mexicana.

Pero debió haber una interrupción bien marcada en las apariciones, en la superficie, de las andesitas de hiperstena para dar lugar á la de los basaltos con poco olivino (Labradoritas) ó muy oliviníferos, que las cortaron en diques ó en masas intrusivas, como en el Peñón de los Baños se observa; ó constituir series de cráteres que arrojaban lavas basálticas, como la sierra de volcanes de esta especie que ocupa la parte S. de la cuenca al pie de la montaña del Ajusco hasta los flancos actuales del Popocatepetl, cubriendo á las andesitas de hornblenda anteriores y que en algunos puntos quedaban descubiertas al través de estos basaltos. El Popocateptl comenzó á manifestarse con las primeras erupciones de basaltos, como lo prueban las más bajas corrientes que de este volcán se descubren, que son basaltos de olivino (roca del Provincial), en las que la transformación en andésita de hiperstena con augita se hace sensible.

El Popocatepetl sigue vomitando sus lavas hipersténicas á la vez que engrosaban los sedimentos pliocenos del fondo de la cuenca y que se formaban los pequeños volcanes de la sierra de Santa Catarina, también de rocas hipersténicas. Pero lo más notable que se ofrecía ya cerca del fin de esa grande y prolongada actividad, era la presencia simultánea de volcanes en acción á muy cortas distancias, unos basálticos, otros andesíticos.

El volcán Xitli al S. de la cuenca cubría con una corriente de basalto muy fluido, no sólo los depósitos de tobas pomosas con fósiles vertebrados, sino aun la capa más superficial del suelo ocupado ya por el hombre, como lo prueban los cráneos y vestigios de su industria encontrados debajo de las lavas. Las corrientes hipersténicas de los volcanes de Tlalmanalco descanzan en capas enteramente semejantes (una profunda, con vertebrados fósiles, y la de contacto inmediato con restos de la industria nahuatl). Hay, pues, que establecer una contemporaneidad relativa en la emisión de estos dos tipos de rocas, contemporaneidad que se realiza hasta en las erupciones de nuestros días como las del Jorullo, basálticas, y las del Colima y Ceboruco andesíticas.

Ponemos á continuación la descripción sucinta de las rocas del Popocatepetl:

Hemos indicado ya la presencia del olivino, de la augita y de la hiperstena en la serie de lavas del Popocatepetl, así como la predominancia de uno ó de otro de estos elementos en relación con el tiempo. Podemos referir á tres especies distintas toda la serie de lavas, á saber:

1. Basalto labradórico.
2. Andesitas de hiperstena.
3. Traquitas.

1. Las más bajas rocas que pueden observarse á la vez que las más antiguas, son las que se encuentran formando dos grandes corrientes sobrepuestas, separadas por una capa de brechas en la barranca que nace cerca del paraje llamado Provincial, en el camino de Ameca para el rancho de Tlamacas. Estas rocas en lajas son de color gris, y á la simple vista puede observarse la gran cantidad de olivino que contienen en granos y en cristales, que alcanzan hasta 8 mm. de longitud. La estructura al microscopio es claramente microlítica, la materia amorfa es escasa con granos muy pequeños y barritas de óxido de fierro. La pasta microlítica es esencialmente de labrador y granos de augita, teniendo los primeros una marcada alineación fluidal alrededor de los cristales y granos de olivino de primera consolidación, de abundancia en las láminas delgadas aun más notable. Algunos cristales de este mineral se hallan fuertemente corroídos y alterados y otros dejan ver la forma piramidal de sus secciones. Es también de notarse la escases de cristales de plagioclasa y de augita de primera consolidación. Otros basaltos de la misma región son de color gris rojizo; el olivino y las microlitas de augita están más alteradas, sobre todo el olivino, que ofrece una zona obscura y granuda en la periferia de cada cristal.

2. *Andesitas de hiperstena.*—A las andesitas de hiperstena pertenecen la totalidad de las lavas que rodean
el gran cono del Popocatepetl hasta las últimas corrientes que coronan, por decirlo así, el gran cráter de la cima. Ofrecen desde una estructura casi holocristalina
microlítica que degenera poco á poco hasta la estructura vitrofírica de algunas obsidianas; el magma, como veremos, es unas veces transparente y otras pardo. Dominan en los elementos de primera consolidación el labrador, aunque para este feldespato no
siempre se observa claramente dicho tiempo; la hiper-
tena y por último la augita, mineral cuya abundancia
relativa varía constantemente de una corriente á otra
de lava, no ofreciéndose sino muy accidentalmente en
las corrientes más modernas. Por esta razón hemos
hecho la subdivisión de las andesitas de hiperstena, en
andesitas de hiperstena con y sin augita.

a. En el fondo de la barranca del Fraile al pie del
gran acantilado del pico del mismo nombre, dos corrientes de lava aparecen separadas por una gruesa
capa de brechas; la lava inferior presenta al microscopio un magma amorfo incoloro sembrado de globuli-
tas, puntuaciones de óxido de fierro y numerosas y
pequeñas microlitas feldespáticas; bandas y manchas
amarillo verdosas se distribuyen irregularmente y po-
larizan en amarillo, pareciendo ser el resultado de la
alteración de la augita y de la hiperstena; dichas manchas son más intensas en la proximidad de estos cristales, de contorno no bien definido y rodeados de una
banda obscura. Los cristales de hiperstena á media

alteración, ofrecen un dicroismo intenso. El labrador se halla en grandes cristales rotos y corroídos en su mayor parte.

En la lava superior, el magma amorfo es ligeramen, te pardo como en algunas lavas del borde del cráter con numerosos cristalitos incipientes de plagioclasa y piroxena. La devitrificación del magma es más avanzada que en la roca anterior. La augita é hiperstena en proporciones casi iguales son muy abundantes y de grandes dimensiones, la augita presenta macles según g_1 y sus cristales llenan á veces nidos ó segregaciones.

Alguna semejanza ofrecen microscópicamente las andesitas de hiperstena con augita de la loma del Ventorrillo (contrafuerte del Pico del Fraile), con la capa de lava de la pared del fondo del cráter; á no ser por una mayor cristalinidad en la de este último punto y la presencia de mayor cantidad de fierro en puntos diseminados, como producto de alteración, la semejanza sería completa. Se observa la estructura fluidal por el alineamiento de las microlitas; y la presencia de playitas imperfectamente hexagonales y límpidas, nos hacen sospechar la presencia de la tridymita. La augita abunda en cristales agrupados en nidos, y en algunos ejemplares se hallan diseminados granitos de pirita.

Una roca bastante vítrea se presenta en un acantilado en la loma de Acaltitla, lugar también llamado el Ventorrillo; su magma se halla devitrificado en cristalitos feldespáticos y de piroxena, contiene cristales de plagioclasa, hiperstena y menos numerosos de augita. A la luz polarizada el magma aparece obscuro tachonado de muy pequeños y numerosos puntos ó agujas alumbradas.

b. En las tres corrientes que están escal onadas al N.E. del cono del Popocatepetl y que parece terminar la última en la Cruz, se pueden seguir facilmente las modificaciones de estructura. La más baja que se descubre hasta el límite de la vegetación arborescente, tiene un aspecto traquítico muy marcado á la simple vista y de color gris más ó menos rojizo.

El magma que aparece á la luz natural como amorfo con algunas cristalitas diseminadas, da á la luz polarizada un tapiz de microlitas sin contornos apreciables y en algunos lugares manchas con aspecto de polarización de agregado, que en fuertes aumentos apenas puede reconocerse que la apariencia resulta de agrupaciones de microlitas; pues no son muy sensibles los contornos individuales y esta polarización confusa de la pasta de la roca le imprime un habitus traquítico, y aun es muy posible que un buen número de microlitas no bien reconocibles, sean de sanidino.

Los grandes cristales diseminados son unos de sanidino y otros de labrador, hiperstena con numerosas inclusiones vítreas y algunos cristales de augita. Esta roca pasa sensiblemente á ser una traquiandesita de hiperstena con augita.

La corriente inmediata superior es de color gris y más compacta que la anterior, su estructura en masa es en lajas delgadas algunas veces onduladas. Al microscopio es un poco más vítrea que la anterior y le es muy semejante aun á la luz polarizada, sin presentar como en aquella, manchas muy alumbradas de polarización de agregado. Contiene cristales de labrador y sanidino, y en abundancia de augita é hiperstena algunos de los primeros macleados.

c. Viene por último la tercera corriente que, en en forma de cordón, parte desde La Cruz hacia abajo, y que aparece también en el lado N.E. del cráter, y que hemos considerado como una corriente de las últimas emitidas por el cráter del volcán, en que la nieve se ha encargado de destruir el cordón que ligaría á la cresta del bordo del cráter con las puntas del Cargadero y La Cruz. En las partes de la corriente, en donde la roca es compacta, tiene un aspecto muy vítreo parecido al de las obsidianas; de color negro parduzco y negro. El magma amorfo abundante, es de color ligeramente pardo con numerosas cristalitas, pequeñas microlitas de oligoclasa y puntitos de óxido de fierro. La estructura fluidal es débilmente marcada; los cristales, generalmente de pequeñas dimensiones, son de labrador, de hiperstena y algunos muy raros de augita. Este es el aspecto más común de las rocas de la parte superior del cono del Popocatepetl.

El magma amorfo llega á veces hasta ser enteramente pardo y los cristales hasta de muy pequeñas dimensiones, es decir, verdaderas obsidianas, de acuerdo, como dijimos, con la diminución de calor y de energía del volcán.

Es muy característico en la serie de corrientes que se escalonan en la parte superior del Pico del Fraile, quizá tan modernas como las de La Cruz, una sucesión alternada y varias veces repetida de lavas de composición y estructura semejante á las obsidianas de La Cruz, de color negro – parduzco y de superficies de ruptura curvas, que semejan en grande la superficie concoide de la obsidiana, con lavas muy compactas de color gris negruzco ó gris en lajas, algunas veces muy delgadas y onduladas. Su magma es incoloro manchado de pardo, con cristalitas de piroxena y numerosas microlitas feldespáticas, es decir, menos vítreas que las anteriores. Domina el labrador y la hiperstena en cristales y raras veces contiene augita.

La andesita vítrea de la base del cerro de Tlamacas, que baja casi desde la cima en un gran acantilado del lado S.E. de dicho cerro, y al N.O. del rancho, es de pasta vítrea incolora, contiene numerosas microlitas finas de plagioclasa, cristales de hiperstena y labrador.

3. *Traquitas.* — Muy interesantes son las rocas que forman las crestas ó pequeños acantilados en la cima de la loma de Acaltitla, en el Ventorrillo, así como en la cima del cerro de Tlamacas: son de color gris rosado, de superficie áspera como la de las traquitas. Al microscopio se observa con sorpresa, que parte de las microlitas que abundan en la pasta, son de sanidino, de formas rectangulares no macleadas, de extensión recta y con contornos no bien definidos. Los crístales de primera consolidación en su mayor parte son de sanidino y de hiperstena, con inclusiones de granos de fierro oxidulado. No contiene augita la roca. No cabe duda que se trata de traquitas de hiperstena y que hay una relación genética entre ambos lugares, únicos en que hemos encontrado las traquitas, relación que topográficamente conservan, pues que el cerro de Tlamacas se liga al Ventorrillo por una angosta y alargada cres-

ta. La proporción de siliza en estas traquitas es por término medio de 65 por 100.

Damos á continuación la lista de las alturas y medidas practicadas durante la excursión; las observaciones de alturas hechas con hipsómetro son:

Altura del rancho de Tlamacas......................... 3,931 metros.
Límite de la vegetación arborescente por el lado N. 4,030 „
Altura media de las nieves persistentes; lado N.... 4,350 „
Altura del Malacate sobre el fondo.................... 205 „
Altura del Pico Mayor sobre el fondo ó máxima
   profundidad del cráter............................... 505 „
Altura del Pico Mayor sobre el Malacate............ 300 „
Diámetro mayor del cráter............................. 612 „
Altura de México sobre el mar............... .... 2,280 „

Acompañamos á este informe un plano geológico que comprende la zona en la que se halla el camino de México al Popocatepetl y un perfil geológico en línea recta desde el Pico Mayor del Popocatepetl hasta la ciudad de México. Hemos adoptado la carta topográfica á la 100,000ª publicada por la Comisión Geográfica Exploradora, aunque no estamos de acuerdo enteramente con la configuración que trae dicha carta.

México, Octubre de 1894.—*José G. Aguilera.—Ezequiel Ordóñez.*

Lightning Source UK Ltd.
Milton Keynes UK
UKHW010010301218
334537UK00013B/1982/P